做自己

[英] 波皮·奥尼尔
（Poppy O' Neill）/ 著

吴奇 / 译

中国科学技术出版社

·北 京·

图书在版编目（CIP）数据

做自己 /（英）波皮·奥尼尔（Poppy O'Neill）著；
吴奇译 . -- 北京：中国科学技术出版社，2024.1
（你是最棒的）
  书名原文：JUST BE YOU
  ISBN 978-7-5236-0339-0

  Ⅰ . ①做…　Ⅱ . ①波…　②吴…　Ⅲ . ①儿童 – 心理健
康 – 健康教育　Ⅳ . ① B844.1

中国国家版本馆 CIP 数据核字（2023）第 220137 号

前　言

　　当今世界，青少年需要克服的障碍似乎越来越多。这些障碍渗透到他们生活的方方面面——在家、在学校、与朋友在一起、在网络上——并涵盖了广泛的问题，包括霸凌、社会比较、不得不满足不切实际的期望以及糟糕的自我形象。这一切都发生在他们的身体、情绪和荷尔蒙发生重大变化的时候。由于这些挑战的存在，青少年似乎面临着自我价值感低的流行病。

　　波皮·奥尼尔的这本书，以一种易于理解的方式探讨了自我价值感这一关键问题，并为青少年及其家人理解和解决这些问题提供了帮助。

　　本书首先介绍了自我价值感，其内容包括：自我价值感是什么，什么影响着它，高水平的自我价值感是什么，低水平的自我价值感是什么。由此，波皮·奥尼尔探索了各种提高自我价值感、克服自我怀疑和照顾好自己的方法。书中所提出的每一种策略都被临床证明是有效的，包括认知行为疗法（CBT）和正念。

　　我强烈推荐这本书，希望它能帮助青少年找到自我价值感低的原因，并建立一个策略工具箱，以此来帮助他们解决潜在的问题。

英国心理治疗委员会儿童和青少年综合心理治疗师、
依恋与创伤顾问
格拉汉姆·肯尼迪（Graham Kennedy）

2022 年 1 月

引 言

欢迎阅读《做自己》，这是一本关于做自己和提升自我价值感的书。当你知道自己是谁，并拥有健康的自我价值感时，你就能自信地度过一生。

"做自己"听起来很简单，但在你十几岁的时候可能会变得很困难。你的大脑正在以惊人的速度发育——这意味着你充满了创造力和潜力，也更容易受到来自他人以及周围世界的压力和负面信息的影响。朋友、名人、老师、家长和媒体都在用不同的信息"轰炸"你，告诉你应该如何去看、去想、去感受……有时你不得不想：我能做自己吗？

是的，你可以！但有时候很难。融入社会对你来说压力很大，而做真实的自己又需要很大的勇气。本书所提供的想法、工具和策略，可以帮你改变对自己的看法，找到自己在世界上的位置。

感觉不好也没关系

　　有时候，你会觉得其他人都在做自己，融入社会并过上了最好的生活，而你却不知道该从哪里开始。

　　其实，没有人能完全弄清楚怎样才是做自己，尤其是在十几岁的时候。这是你想弄清楚自己是谁、喜欢什么、相信什么的年龄。听起来很棒，但事实上，它会让你感到困惑、困难重重，甚至感觉很可怕。

　　如果你在挣扎，没关系；如果你需要帮助，也没关系。如果你的童年生活中有一些想要保留、怀念或感到尴尬的部分，那也是可以的；如果你想快速成长并尽快步入成年，那也没关系。改变主意，尝试说"不"，都是可以的。所以，深呼吸，做自己，就是你需要做的。

　　总的说来，无论你正在经历什么，你都不需要独自去面对，这些都是生活的一部分而已。

这本书对你有什么帮助

这本书将帮助你理解自我价值感是如何运作的，以及为什么做自己和忠于自己有时真的很难。它还会告诉你，即使事情变得很难，你该如何维护自己，建立你的自我价值感，并保持高自我价值感。

你对自己和你的思维方式了解得越多，你就越能控制自己的想法、感受和行动。

如果你厌倦了保持沉默和随波逐流，并已准备好改变看待自己的方式，这本书就是为你而准备的。《做自己》通过各种方法和活动，引导你更加积极地看待自己。

你是一个坚强又聪明的人，你对这个世界有很大的价值，这本书将帮助你毫无歉意地做自己。所以，请继续阅读，并请记住：你是独一无二的，你很棒。

自我价值感
名词
你对自己有多看重，你认为自己应该得到多少尊重。

如何使用这本书

这本书是写给你的，如果……

- ★ 为了融入社会，你隐瞒了自己的一些事情
- ★ 你觉得自己的外表或行为应该更像别人，而不是像你自己
- ★ 你经常嫉妒别人
- ★ 你喜欢拿自己和别人比较
- ★ 当你与某人意见相左时，你保持沉默
- ★ 当你真的想说"不"时，你却说"是"（反之亦然）
- ★ 你觉得自己有什么不对劲的地方
- ★ 你担心别人对你的看法

如果你有上述问题，那么这本书可以帮助你。做自己可能很难，但你有能力改变对自己的看法。

在书中，你会发现有助于建立自我价值感的方法，这样你就会感觉更舒服、更自信。

这本书是关于你的，所以请记住，你说了算，没有错误的答案。按照自己的节奏去阅读也是可以的——书中的一些内容会让你觉得有用。

Contents 目录

第一章

自我价值感和你

成为你自己是一种什么感觉？

　　每个人都不一样，你是独一无二的。了解自己是迈向积极自我价值感的第一步。本章将探讨成为你自己是一种什么感觉，以及年轻人对自我价值的感受。

关于我的一切

了解你自己，了解什么对你来说是重要的，这是培养健康的自我价值感的一个非常重要的部分。你越了解自己，就越容易做自己，在任何情况下都能坚持自己的立场。这里有一些提示让你思考。把你的答案写在下面，如果你想写更多，就拿个笔记本！

我的名字叫＿＿＿＿＿＿＿＿＿＿＿＿＿＿

我的家人有＿＿＿＿＿＿＿＿＿＿＿＿＿＿

总让我高兴的是＿＿＿＿＿＿＿＿＿＿＿＿

如果以后每天都得吃同样的饭，我会吃＿＿＿＿＿
＿＿＿＿＿＿＿＿＿＿＿＿＿＿＿＿＿＿＿＿

我最喜欢的书是＿＿＿＿＿＿＿＿＿＿＿＿

 做自己

此刻我正在学习＿＿＿＿＿＿＿＿＿＿＿＿＿＿＿＿＿＿

当 ＿＿＿＿＿＿＿＿＿＿＿＿ 时，我觉得很尴尬

让我抓狂的是 ＿＿＿＿＿＿＿＿＿＿＿＿＿＿＿＿＿＿

从小时候起就改变了的三个习惯是＿＿＿＿＿＿＿、
＿＿＿＿＿＿＿＿＿＿＿、＿＿＿＿＿＿＿＿＿＿＿

我最早的记忆是＿＿＿＿＿＿＿＿＿＿＿＿＿＿＿＿＿

当 ＿＿＿＿＿＿＿＿＿＿＿＿ 时，这太烦人了

如果我是一只动物，我会是＿＿＿＿＿＿＿＿＿＿＿

什么是自我价值感？

自我价值感

名词

尊重自己的性格和能力；对自己感到舒服的感觉。

自我价值感就是你对自己的尊重程度。当你有很高的自我价值感时，你会与自己的感受保持一致，即使在不受欢迎或困难的时候，你也会为自己挺身而出。如果你的自我价值感很低，你会把别人的感受放在自己的感受之前，忽视或对自己的需求和意见保持沉默。

大多数人介于两者之间。我们的自我价值感可能会上升或下降，这取决于我们的经历、所受的影响和周围的环境。由于每个人都是独一无二的，你的自我价值感的运作方式也将是独一无二的。

但自我价值感也与他人有关。当你有很高的自我价值感时，你可以接受真实的自己和他人，即使你们彼此非常不同。这是因为，接纳自己和他人意味着你知道你不需要像其他人一样——也不是每个人都需要像你一样——所以在任何情况下都很容易表现出尊重。

什么是心理健康？

　　每个人都有心理健康问题。就像我们的身体健康情况一样，当身体变得糟糕时，我们需要休息和他人的帮助。心理健康和身体健康之间的一大区别是，虽然我们的身体都不一样，但它们的运作方式都相似。然而，当涉及心理健康时，每个人的思维都以一种独特的方式运作。

　　但身体健康和心理健康是密切相关的。当你好好照顾自己的身体时，你也会好好照顾自己的心理。健康饮食、足量饮水和充足睡眠等都有助于你的大脑正常运转，因为它们是你身体的一部分。同样，情绪的自我保健，如休息和为自己挺身而出，对你的身体健康也有好处，因为它们可以减轻压力和焦虑。

不允许有人
淡化你的光芒，
因为他们
眼神不好。
告诉他们：
请戴上太阳镜。

Lady Gaga

DO NOT ALLOW PEOPLE
TO DIM YOUR SHINE
BECAUSE THEY ARE
BLINDED.
TELL THEM TO
PUT ON SOME
SUNGLASSES.

自我价值感高是什么感觉

对未来 充满希望	与自己 相处时 感到舒适	对自己 不想要的东 西说"不"	知道自己 是个好人
不同意 也没关系	鼓励他人	尊重差异	有自己的 兴趣
对犯错误 感觉良好	穿着舒适 的衣服	不开心的 时候大声 说出来	好好 爱惜自己 的身体
改变 主意时 感觉良好	对令自己感 到兴奋的 机会说"是"	说出自己 的想法	庆祝自己 的成就

自我价值感低是什么感觉

自我感觉低落	认为自己需要做到完美	感到嫉妒	贬低他人
做事只是为了适应	把时间花在与对自己不友善的人在一起	保持沉默以避免分歧	需要让别人同意自己的观点
感觉永远不够好	想说"不"时说"是"	认为自己不配得到好东西	试图回避或否认自己的情绪
需要别人赞美才能感觉良好	不爱惜自己的身体	花太多时间在社交媒体上	随大溜儿

 做自己

自我价值感如何影响你的生活

低自我价值感会以各种方式影响你的生活。这里举几个例子。

和我一起出去玩的那群朋友真的很可怕。每周，我们中的一个人都会因为一些小事而被其他人挑毛病。

我穿得和其他女孩一样，所以我不会引人注目。我认为越有个性就越酷，但我却没有足够的勇气按照自己的意愿来穿着。

我本来有机会和橄榄球队一起出国，但我拒绝了，因为我担心会输掉比赛。

当我感到焦虑时，我会在社交媒体上刷屏好几个小时。我觉得不能和任何人谈论我的焦虑。

我经常和朋友去看电影，但似乎从来没有看过自己想看的影片。我希望自己有勇气提出来，但是，如果他们不喜欢我选的影片怎么办呢？

 做自己

自我价值感测试

　　通过这个测试来更好地了解你的自我价值感水平。圈出听起来最符合你的答案，测试结果在下一页。

我是独一无二的，因为 _____
A. 我有自己的长处、短处和个性
B. 我比认识的大多数人都要好
C. 我觉得很难融入集体

你有多随和? _____
A. 我很随和，但在重要的时刻我可以为自己辩护
B. 大多数时候，我喜欢我行我素
C. 我很随和，我会同意别人的要求

当发生冲突或分歧时，我 _____
A. 保持冷静，思考自己该如何应对
B. 会生气，并提高音量
C. 保持沉默，最终往往只是假装同意

当我想到自己的未来时， _____
A. 我很兴奋，但也很紧张——我有远大的计划
B. 我很清楚会怎样
C. 我感到害怕或悲伤

我的朋友们 _____
A. 是我最给力的啦啦队员，不管怎样都互相支持
B. 总是想办法贬低对方
C. 是我很难猜透的人

当我遇到困难时，我会 _____
A. 和自己信任的人谈论我的感受
B. 忽视自己的感受，直到它们消失
C. 独自忍受

　　大多数选 A： 你的自我价值感较高。你足够尊重自己，在重要的时候直言不讳。你对他人也充满尊重。你有一群好朋友，你知道自己是谁。这本书将帮助你更多地了解自己，并认识到自我价值感低的那些表现。

　　大多数选 B： 你的自我价值感低，但你试图隐藏它。你为感觉不够好而挣扎，所以摆出一副自信的样子。建立你的自我价值感和自尊心并不容易，但你有力量做到这一点。

　　大多数选 C： 你的自我价值感很低，这真的让你很沮丧。你对自己的想法和感受是可以改变的，你有能力把它变得更好。增强你的自我价值感将在很多方面改善你的生活，你拥有开始做出积极改变所需的一切。

接受真实的自己

关于自己，有些事情很容易让人感觉良好——也许对你来说是智力、运动技能或歌声……但也可能是任何事情。当你想到这些事情或当别人称赞你时，通常会让你感到骄傲和快乐。

但每个人也有自己难以接受或难以感觉良好的地方。有些事情会让你感到害羞或尴尬——也许你希望它们不是真的。同样，它也可以是任何事情，当你想到这些事情时，它们会让你感到难过，当有人注意到或评论它们时——即使他们不是想让你难过——也会让你觉得尴尬甚至受伤。

拥有高自我价值感意味着接受自己的全部，即使是对你来说很困难的部分。这需要时间，不必匆忙，不要有压力。让我们接着探讨这个想法。

什么事容易让人感觉良好？
什么事难以让人感觉良好？

在下面的人身上或周围，写一些你觉得很容易爱上自己的事情。这些都是你感到骄傲的事情，你想与朋友和家人分享，你想获得关注。没有错误的答案，但如果你需要灵感，可以从以下几点开始：我的幽默感，我的吉他演奏……

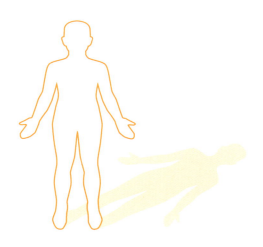

现在，在这个人的阴影下，你能写一两件你觉得很难爱上自己的事情吗？它可以是你想隐藏或改变的东西——你可以写下能想到的任何事情。

把这些事情写下来可能很难，或者也没什么大不了的。不管感觉如何，你都做得很出色。

你的自我价值感如何?

现在你已经了解了一些关于自我价值感的知识,如果满分为 10 分,你会给自己的自我价值感打几分?凭直觉行事是可以的——你最了解自己。

1 2 3 4 5 6 7 8 9 10

自我价值感
很低

自我价值感
很高

花时间关注自己的感受是很有帮助的,因为:

★ 它可以帮助你理解自己的情绪

★ 它有助于你理解自己的行为

★ 当你可能需要额外的支持时,它可以帮助你解决问题

如果你意识到自己的自我价值感很低,就利用这些知识来照顾自己。可以参考本书的第五章,了解更多关于自我照顾的信息。

我并不是
每件事情都擅长；
但每件事情
我都会尽最大的
努力去做。

迈克尔·乔丹
（Michael Jordan）

I'M NOT GOOD
AT EVERYTHING.
I JUST DO MY BEST
AT EVERYTHING.

第二章

是什么影响了你的自我价值感？

 做自己

这不是你！

　　你有能力加强并建立你的自我价值感，但对自我价值感的最大影响实际上是你无法控制的。意识到不同的事情是如何提升或消耗自我价值感的，这是你建立坚实和不可动摇的信念的第一步。

　　你对自己和周围的世界了解得越多，无论发生什么，就越容易做自己。

自我价值感从何而来？

你的自我价值感以及是否容易做真正的自己，来自事情的复杂组合。你的成长经历、媒体、学校、朋友以及文化的影响，都会对你的自我感觉产生影响。

此外，当你还是一个青少年时，还有一系列新的挑战：青春期、考试、人际关系、社交媒体……这些都会影响你的自我价值感。

面对这一切，如果你在与自我价值感作斗争，发现很难做真正的自己，这真的是可以理解的。但是，培养你的自我价值感并为自己感到快乐，永远不会太迟。

建立强烈的自我价值感意味着你对自己的了解来自内心。无论你是否融入，别人的想法和你的经历是否会打击你的自我价值感，只要有了健康的自我意识，你就会有足够的韧性，很快就能恢复良好的自我感觉。

表现出同情心

同情是一种善意。当你向某人表示同情时，你会努力理解他们，并尊重他们的感受。你可以用同样的方式向自己表达同情。当你感到悲伤、愤怒、担忧或羞愧时——也许是因为你犯了错误或有人伤害了你的感情——对你的情绪表现出同情心和好奇心会帮助你更好地理解自己。

下次遇到困难时，无论是什么原因，你都可以向自己表示同情，对自己说一句肯定的话。肯定句是对自己的安慰——经常说肯定的话有助于获得更高的自我价值感。

试着对自己说出一个或多个这样的肯定句。

我有这种感觉是可以理解的

我可以慢慢来

这真的很难

我会挺过去的

休息一下没关系

我不必完美

我可以从错误中学习

别人的感受和行为超出了我的控制范围

我不会永远有这种感觉

当你能在困难或不舒服时对自己表现出同情心，你就在自己内心创造了一个安全的地方，在那里，你很容易成为完整的自己。

心情日记

你的情绪有时会起起落落吗？也许有些日子你会感到自信，而另一些日子你会感到紧张和不自信。情绪变化是生活中正常的一部分，你的自我价值感也会随着情绪的变化而起伏。

试着写一周的情绪日记，更好地了解自己以及你对经历的事情的反应。每天，记下你生活中发生的主要事情，然后按提示来探索你的感受。

星期一

今天发生了什么事？

今天我觉得＿＿＿＿＿＿＿＿＿＿＿＿＿＿＿＿＿

今天很好，因为＿＿＿＿＿＿＿＿＿＿＿＿＿＿＿

今天很难，因为＿＿＿＿＿＿＿＿＿＿＿＿＿＿＿

自我价值感得分

1　　2　　3　　4　　5　　6　　7　　8　　9　　10

 做自己

星期二
今天发生了什么事?

今天我觉得＿＿＿＿＿＿＿＿＿＿＿＿＿＿＿＿

今天很好，因为 ＿＿＿＿＿＿＿＿＿＿＿＿＿

今天很难，因为 ＿＿＿＿＿＿＿＿＿＿＿＿＿

自我价值感得分

1　　2　　3　　4　　5　　6　　7　　8　　9　　10

星期三
今天发生了什么事?

今天我觉得＿＿＿＿＿＿＿＿＿＿＿＿＿＿＿＿

今天很好，因为 ＿＿＿＿＿＿＿＿＿＿＿＿＿

今天很难，因为 ＿＿＿＿＿＿＿＿＿＿＿＿＿

自我价值感得分

1　　2　　3　　4　　5　　6　　7　　8　　9　　10

星期四

今天发生了什么事？

今天我觉得 _____

今天很好，因为 _____

今天很难，因为 _____

自我价值感得分

1　　2　　3　　4　　5　　6　　7　　8　　9　　10

星期五

今天发生了什么事？

今天我觉得 _____

今天很好，因为 _____

今天很难，因为 _____

自我价值感得分

1　　2　　3　　4　　5　　6　　7　　8　　9　　10

 做自己

星期六

今天发生了什么事?

今天我觉得_____

今天很好,因为_____

今天很难,因为_____

自我价值感得分

1   2   3   4   5   6   7   8   9   10

星期日

今天发生了什么事?

今天我觉得_____

今天很好,因为_____

今天很难,因为_____

自我价值感得分

1   2   3   4   5   6   7   8   9   10

　　每天花一些时间关注自己的感受,记录自己的自我价值感水平,有助于你了解自己的情绪是如何一天天地起伏的。只要觉得你的感觉还好就够了。

放弃比较

将自己与他人进行比较——无论他们是朋友、名人还是互联网上的陌生人——总是会消耗你的自我价值感。即使你看不起别人，并因认为自己比他们好而暂时增强了信心，但依靠评判他人来自我感觉良好会让你对自己有一种不确定的感觉，而且这会让你感到非常孤独。

事实是，你只会看到别人生活中的精彩片段，尤其是在互联网上，在现实生活中也是如此——你只会看到或听到人们生活中的一部分，以及他们选择向你展示的个性。当你看到每个人的精彩片段时，你也正在体验自己生活中的每一刻。毫不奇怪，当你将自己与他人进行比较时，你通常会觉得自己不够好。

将自己与他人进行比较真的很正常，我们都会这样做。诀窍是提醒自己注意精彩片段。你永远不会知道任何人的全部故事——他们工作有多努力或他们一路上犯的所有错误。所以，下次当你在互联网上浏览一个有影响力的人的完美生活，发现自己情绪低落时，就要提醒自己：

这些只是这个人选择给我看的部分，这并不是他的全部故事。

任何人都是如此，即使是你最好的朋友！你是独一无二的，你的生活也是如此，所以没有必要给自己施加压力，没有必要让自己变得更像别人。

 做自己

"然而"的力量

尊重和接受自己并不意味着不能改变和成长。我们都在不断地学习和适应，随着时间的推移，我们的性格、观点和思维模式自然会发生变化。

拥有"成长心态"是一种让自己改变的绝妙方式，同时保持高度的自我价值感。拥有成长心态表示尊重你现在的处境以及内心的所有潜力。

成长心态的反面被称为"固定心态"。固定心态既可能是自我价值感低的标志，也可能是其原因；你被困在原地，无法改变或进步。

那么，怎样培养你的成长心态呢？这可以像添加一个简单的词一样简单：然而。试着在这些句子的结尾加上"然而"这个词，看着它们从否定转变为肯定。

我搞不懂代数，

然而_____

我觉得不能在朋友身边做自己，

然而_____

我不知道该怎么做，

然而＿＿＿＿＿＿＿＿＿＿＿＿＿＿

这个问题对我来说没有意义，

然而＿＿＿＿＿＿＿＿＿＿＿＿＿＿

我不知道我在剧中的台词，

然而＿＿＿＿＿＿＿＿＿＿＿＿＿＿

通过添加"然而"这个词，你能看到如何创造成功的可能性吗？当然，仅仅加上"然而"并不是适用于所有情况，但通过专注于实现目标，而不是现在的处境，你会开始看到自己的潜力，而不仅仅是你面对的挑战。

 做自己

思维扭曲

　　除了固定心态，还有很多不同的思维模式会拖累自我价值感，阻止你做自己。我们的思维方式对我们的感受、行为和对世界的感知有着令人难以置信的影响力。

　　你的思维方式和你的指纹一样独特，但有很多常见的思维模式会导致心理问题，让你觉得自己很糟糕。以下是几种主要的思维模式。

"要么全有，要么全无"思维：
如果这不完美，我就彻底失败了

过度归纳：一事错，则事事错

关注负面：如果一件事出错，尽管其他事情进展顺利，我也只关注出错的事情

预言：我知道我会失败

读心术：我知道每个人都会认为我不好

小题大做：一个错误会毁掉一切

放大思维：我不喜欢自己的地方是最重要的；我喜欢自己的地方却并不重要

负面比较：我的朋友每个方面都比我好

不切实际的期望：做任何事情我都应该完美

贬低自己：我是个失败者

自责：一切都错了，都是我的错

感觉就是事实：我感觉自己丑，所以我一定很丑

责怪别人：如果人们对我好一点，我就会成为一个更好的人

你熟悉这些思维模式吗？当你发现自己正是这么想的，就在上面画一个圆圈。以这种方式思考，会降低你的自我价值感吗？

自我价值感的影响因素

　　我们已经讨论了很多可能影响你的自我价值感的事情，当然这些事情对你的影响是不一样的。你的自我价值感的运作方式像你的指纹一样独特。

　　以下是一些影响年轻人自我价值感的因素。

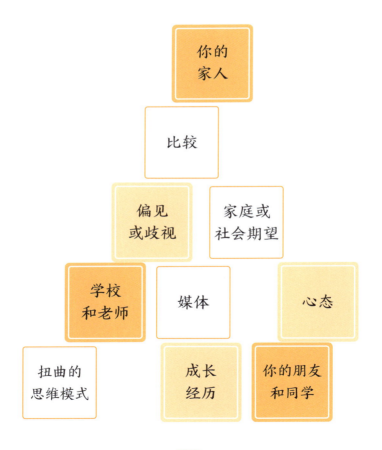

想想你自我价值感里最大的消耗。这会让你沮丧，让你觉得自己不够好，需要隐藏真实的自己。它是什么？它对你有什么影响？你可以在这里写下多个影响。

现在，写下是什么提升了你的自我价值感。这会让你感到平静、安全，并能做回自己。可能是一个特别的人、地方或活动——甚至是视频或书里的故事。

识别对自我价值感产生影响的人或事，意味着在低自我价值感面前很脆弱时，你可以更怜惜自己。

如何才能从低自我价值感走向高自我价值感？

学习如何做自己，建立自我价值感，有时会让人觉得很奇怪。如果你才刚刚开始思考自我价值感，你对自己的思考和感受可能就是事实，而且你很可能认为其他人对你的看法也是一样的。

开始挑战无益的思维模式并忠于自己，刚开始可能会感到不适，但每个人都有能力提高自己的自我价值感，这是值得的。我们都不一样，所以你从哪里开始，你的思维是如何运作的，这对你来说是独一无二的。努力实现高自我价值感，需要仔细而耐心地考虑自己的想法和行动，并缓慢但肯定地改变看待自己的方式。

当然，有一些方法可以给自己带来鼓舞（如从朋友那里得到鼓舞或考试得高分），也有一些事情会暂时降低自我价值感（如被抛弃或被训斥），可一旦摆脱了这些鼓舞和挫折，我们通常会回到相同的自我价值感水平。

通过花时间建立你内心的自我价值感——这种自我价值感建立在对"你是谁"和"你应该得到什么"的认识之上——你将能够重新自我感觉良好，无论生活给你带来什么。

我们能做
困难的事情。

格伦农·道尔
（Glennon Doyle）

WE CAN DO
HARD THINGS.

第三章

自我价值感的助推器

给自己打气

　　人人都需要积极向上。当你情绪低落时，有一些方法可以让你快速提高自我价值感，这可能是一根救命稻草。尽管是暂时的，但像这样的提升是建立自我价值感的一种非常重要的方式，因为它们有助于你走出舒适区，打破消极思维的循环。

　　继续阅读，寻找快速而巧妙的方法来增强你的自我价值感。

搭一个"做自己"的架子

找一个地方，把它留给那些让你感觉良好的事情。把感觉良好的事情都放在这里，当你情绪低落需要鼓舞时，你会知道该去哪里找。

你能找到一个架子、抽屉或房间的角落吗？如果没有，那么一个箱子或帆布背包也可以。

你把什么放在"做自己"的架子上（或盒子、袋子、抽屉里）完全取决于你自己。用美好的回忆、过去的成绩、让你开怀的电影以及好书来填满它。

以下是一些想法。

老师称赞你

气味极佳的保湿霜

某天在海滩拾到的贝壳

用于写作的日记

你喜欢的电影

提醒照顾自己

一条柔软温暖的毯子

一封写给自己的信（参见第78~79页）

积极的肯定（参见第44~45页）

感觉很棒的一本书

老师的表扬

可以在这里写下你的想法。

积极的自我对话

自我对话是我们对自己说话和谈论自己的方式——大声说出来或在心中默念。每个人都会这么做，积极的自我对话通常与拥有高自我价值感密切相关。如果你有积极的自我对话，你会用充满善意的话语来谈论自己。如果你有消极的自我对话，情况正好相反——当你和自己说话时，你是不耐烦的和苛刻的；当你和别人谈论自己时，你会贬低自己。和大多数事情一样，自我对话会随着你的情绪变化而改变。

你的自我对话是什么样的？

很可能，你对自己有点苛刻。我们都可以表现出更多的善意，这项练习将帮助你进行更积极的自我对话。

下面是一些消极的自我对话的例子。想象一下，你是一个非常聪明和善良的人——如果有人谈论你，你会如何回应？

举个例子：

我总是失败，尝试还有什么意义？

不完美也没关系——你可以从错误中吸取教训。

 做自己

我所有的朋友都暗地里恨我。

为什么我不能像其他人一样？

我希望自己没有那么敏感，这确实很尴尬。

做一个聪明善良的人是什么感觉？如果你能在这项活动中表现得聪明和善良，你也可以用这种方式与自己对话。下次当你发现对自己有消极想法时，要练习。写下积极的自我对话或简单地想一想。一开始可能会感到尴尬，但随着时间的推移，积极的自我对话的声音会越来越大，你会越来越舒服。

今天不行，消极的自我对话

现在你已经把自己调整到更积极了，你能听到内心有不止一个声音。诀窍是学会如何把积极的声音调大，把消极的声音调小。

你可以把消极的自我对话静音，就像它是一个烦人的网络喷子。把注意力集中在你内心更小、更积极的声音上，声音会慢慢变大。如果你还听不到，别担心，你可以在积极的肯定句中找到它（见第 44~45 页），可以是一句你最喜欢的名言，你最好的朋友会说的话，甚至是本书中的一句话。

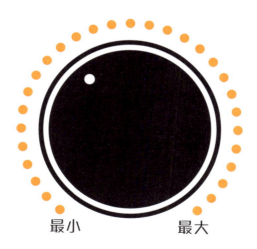

最小   最大

下次当你需要一个助推器时，闭上眼睛，想象自己把消极的声音调小，把积极的声音调大。

 做自己

关于自我价值感的肯定句

　　肯定句是一个简短而积极的信息，可以增强你的自我价值感。你看到、听到和说出的肯定句越多，你就越相信它。这是因为你的大脑需要时间来吸收新的想法并适应它们。肯定句是一种提醒自己有多棒的很好的方式。

　　以下是关于自我价值感的一些肯定句，最好选择两三个能真正吸引你的句子。

我足够好

我值得

我现在很好

我有耐心

我可以休息一下

我是坚强的

我可以做困难的事情

我很高兴能和你在一起

我被爱着

我已经很满足了

我可以做了不起的事

我乐于接受挑战

我可以说"不"

我能为自己挺身而出

我能说出自己的想法

我可以做自己

我的感受很重要

做我自己是安全的

我爱自己

做自己没关系

和我在一起很有趣

我喜欢自己

我遵从内心

我是独一无二的

选择好两三个能吸引你的句子（或自己来编），把它们写在纸上，贴在你每天都能看到的地方。你看到、想到和说出的肯定句越多，它们就越有效。

自我照顾
是你找回
自己力量的
方式。

拉拉·迪莉娅
（Lalah Delia）

SELF CARE
IS HOW YOU TAKE
YOUR POWER
BACK.

造出自己的肯定句

　　像第 44~45 页这样的肯定句非常有助于提高自我价值感，让你有信心做真正的自己。现在是时候创造你自己独特的肯定句啦！

　　一个肯定句越是具体，你的大脑得到的信息就越发强烈。所以，你说"我很自信"，只会感觉更自信一点，但如果你说"我可以自信地走进学校"，你可以清楚地想象自己处于那种情况下，自信地行事。

　　你能想出一个对你来说独特而具体的肯定句吗？也许有一种情况或活动让你觉得自己不够好，或者你需要隐藏真实的自己，你如何用肯定句的方式向你的大脑发出积极的信息？

　　造出自己的肯定句，你需要：

　　积极性——说出你正在做或将要做的事情，而不是你没有做或不会做的事情

　　你自己——肯定句是关于你的，而不是关于其他人的

　　具体性——具体一点，让你的肯定句简短而难忘

　　现在时——说话时就好像肯定句已经是事实一样

 做自己

　　现在轮到你了。记下一些想法，集思广益，不断修改，直到你造出一个适合自己的肯定句。

　　当你准备好了，在这里写下你的肯定句。

快乐优先

是什么让你感到快乐？也许是一个简单的事情，如阳光明媚的日子；或者是更复杂的事，如在体育赛事中表现出色；还可能是你从小就喜欢做的事情，它仍然让你快乐，但你可能会为此感到有点尴尬。

让你快乐的那些事和你一样独一无二，为快乐腾出时间是建立自我价值感的有力方式。

那么，你如何才能优先考虑快乐呢？优先考虑某件事意味着把它放在其他事情之上，所以你可能会推迟做作业，而是和家人一起在花园里享受一段阳光明媚的时光。

把快乐放在首位并不意味着放弃所有不是你最喜欢的事情，而是要重视你对生活的享受，并在你想做的事和必须做的事之间找到平衡。

 做自己

　　记下一些事情——无论大小——这会让你感到快乐。

　　例子：涂鸦，跟兄弟一起玩，在海里游泳

　　很多时候，即使有喜欢做的事，我们也会因为必须做的事（如做家庭作业）或习惯做的事（如玩手机）而没有时间去做。关键是把快乐放在你一天的计划之中，并足够灵活地抓住获得快乐的机会。

你怎样计划这周的快乐？

把你必须做的事放在这个每周计划中，然后看看可以把它们转移到哪里，为快乐腾出空间；或者把更多的事从你的快乐清单中添加到你的空闲时间里。

星期一	星期二	星期三	星期四

星期五	星期六	星期日

无论你感觉如何，每天都有一点（或很多）快乐会给你带来动力。

正念涂色

研究发现，涂色对心理健康有益。它通过专注于一项简单的活动来减轻压力，让大脑放松。

放松并为图片涂上漂亮的颜色吧。

紧急刹车

哦，不！你正陷入消极想法的旋涡，你的自我价值感也在急剧下降。是时候启动紧急刹车来控制自己的思想，让你的情绪恢复某种平衡了。

这些技巧专注于你的身体，而不是你的思想，能帮助你很快感觉更像自己。

★ **调整姿势：** 坐直或站直，放松肩膀和下巴。

★ **把手放在你的心脏部位：** 专注于你的心脏跳动的感觉。

★ **深呼吸：** 想象你的吸气让肺部充满氧气，然后再缓缓吐出这口气。

★ **关注你的脚：** 把注意力从你的思想上移开，集中在你的脚上。

★ **户外活动：** 赤脚站在草地或泥土上，让你的能量落地。

★ **甩掉它：** 用力移动身体，以释放紧张情绪。

列一份日常清单

设定目标对坚持奋斗、忠于自己和提高动力非常有用。但有时，设定太大或遥不可及的目标会对你的自我价值感产生相反的影响。

列一份日常清单是一种快速而有效的方式，可以给自己注入信心，让自己再次感觉良好。

待办事项清单和日常清单的区别在于，日常清单包括一切，甚至包括你在不需要提醒自己的情况下所做的事。例如，你可能不会把"刷牙"列入待办事项清单，因为这是你日常生活的一部分，但在日常清单上，这一切都是为了认可自己的成就，即使是微小的成就。

试着列一份日常清单。你可以把自己已经做过的所有事情包含在内，无论大小。想想你在这一天剩下的时间里想做的事情以及需要做的事情。

我的日常清单

★ _____

★ _____

★ _____

★ _____

你的日常清单：做白日梦，给朋友写邮件，吃饼干，喝水，做家庭作业

 做自己

我的成就

　　当你对自己感到沮丧时，你很容易忘记自己已经走了多远，以及一路上取得的那些成就。

　　成就不仅是你获得的奖杯或证书——尽管这些也很重要。成就可以有很多不同的形式——从解决与朋友的争吵到学会为家人做饭——是时候庆祝你的成就了。

　　你能想到你的每一个奖杯、奖牌和证书所取得的成就吗？把它们写在牌匾上——如果你喜欢，也可以给图片上色或装饰。

友谊

个性特征

我的专属

偶然事件

 做自己

10 个提升自我价值感的技巧

1. 听最喜欢的音乐——当你感觉不对劲时，一首很棒的歌可以提醒你生活有多有趣。

2. 写日记——把你的想法和感受写在笔记本或日记本上，帮助你更好地了解自己。

3. 读一本书——无论是小说还是非小说，书都会帮助你逃到另一个世界。

4. 吃一些美味的食物——享受生活中简单的事情。

5. 洗个澡——洗澡会让你感觉好一点。

6. 打扮一下——即使你无处可去，穿上你最喜欢的衣服也会让你感觉自己是最好的。

7. 整理你的床铺——如果你的床是一个美丽整洁的地方，当你躺在床上时，你会自然而然地感到平静。

8. 友善待人——对他人表现出友善，会激活大脑中负责自我价值感和幸福的部分。

9. 放下那些不再属于你的东西——如果你不再从中获得乐趣或价值，那么就把事情留在过去吧。

10. 谈谈你的感受——选择一个你认识并信任的人，与之分享你的感受。

第四章

改变你对
自己的看法

 做自己

你准备好做出改变了吗？

我们已经了解了很多关于自我价值感的知识，以及有时做自己有多难。现在是时候开始真正改变你的想法和对待自己的方式了——你准备好了吗？

你是自己最严厉的批评者

当你的自我价值感很低时，你会觉得每个人都在看着你、评判你。你可能会对自己难以接受的部分过于紧张，如你的外表，并且认为你周围的每个人都在关注这一点。

事实是，你是最关心自己的人，其他人在想着他们自己和自己的不安全感。除非你是个会读心术的人，否则在任何特定的时刻你都无法说出别人在想什么。这可能令人沮丧，但也很自由——你可以选择你认为别人在想的。他们是在想关于你的正面的事情，还是根本没想你？它是否准确并不重要，因为这个练习只适合你。

通过这样做，你会发现你也可以选择自己的想法。当一个想法自然而然地出现在你的脑海中时，想象一下你的大脑正在给你提供零食。这是你真正想吃的，还是看起来有点恶心的零食？如果你不想吃大脑提供给你的思维零食，只需选择另一种更"美味"的思维零食即可。

你会对哪些想法说"是的"？在你想吃的零食上写一些积极、有趣的想法。

我喜欢自己

我能做这个

我已经足够好了

不够好

别人都在笑话我

我有些不对劲

你可以把没用的消极想法放在这里

5% 的把戏

建立强大的自我价值感只能一步一个脚印。它包括养成在大的和小的方面善待自己的习惯。当你做出微小的改变并坚持下去时，它们很快就会转变为你对自己的思考和感受的巨大而积极的改变。

做到这一点的一个有效方法是定期问自己，你怎么能感觉比之前好5%。这通常就像喝水、伸展身体或与朋友交谈一样简单。即使你感觉很好，你也可以感觉更好，当你情绪低落时，这是一个给自己带来一些安慰和更多控制感的好方法。

怎样才能做到比之前感觉好5%呢？看看下面的想法或提出自己的想法。

多拿一个垫子

喝点水

出去走走

深呼吸

吃点零食或吃顿饭

打个盹

 做自己

给好朋友发信息

谈谈你的感受

写日记

做一些伸展运动

做件待办事项或日常清单上的事

整理你的房间

换上更舒适的衣服

放下你的手机

退出社交媒体

一旦你想出一种能让自己感觉好 5% 的方法，就去做吧！梳理一下，并根据自己的喜好常做练习。

带着你的感觉坐下来

我们经常隐藏真实的自己，因为不这样做就不舒服。被拒绝或被误解的风险太可怕了，于是我们保持低调，努力去融入。有时，做一些感觉舒适和安全的事情是个好主意——不断地把自己从舒适区抛出去会让人筋疲力尽，也会让人有压力。

但是，当真正重要的时候，找到勇气为自己发声，以及展示内在的自己，是值得的。例如，当有人对你不好或试图逼你去做一些你不想做的事时，为自己发声是很难的。这时，学会带着不舒服的感觉坐下来是最有用的。

带着不舒服的感觉坐下来，意味着你认识到了自己的愤怒、焦虑、恐惧或悲伤，而不是试图修复或改变它们。这听起来很简单，但其实很难！我们做的很多事情——包括在社交媒体上抨击他人和隐藏自己的真实感受——都是为了避免感受到这些不舒服的感觉。学会带着这些情绪坐下来是一项技能。以下是操作方法。

 做自己

深呼吸

说出你的感受
——默念或大声说出来

探索这种感觉
——它在你身体的什么
地方？接下来还有什么
感觉？

不要分散注意力
——看手机或忙别的事情

提醒自己现在是安全的，
对自己表现出同情心

继续深呼吸，
直到这种感觉开始消散

　　掌握这一点需要时间，要对自己有耐心。一旦你学会了如何做到这一点，无论发生什么，你都能找到做任何事情的勇气，做完整的自己。

专注于你能控制的事情

很多焦虑和自我价值感低下都源于这样一种信念，即我们在某种程度上要为别人所做的事情负责。事实是，别人的想法、情绪和行为完全超出了我们的控制范围。当然，我们可以对我们遇到和交谈的人产生影响，但最终我们无法控制别人对我们的看法，也无法控制我们对他们的影响。考虑到这一点，很明显，做自己是唯一的前进之路。

提醒自己什么是你能控制的，什么是你不能控制的，然后只把注意力集中在前者上，这是一种有效的策略，可以平静思绪，建立自我价值感。

 做自己

你能做一张个性化的图表吗？也许有人试图把他们的错误归咎于你，或者你经常担心的事情完全不在你的掌控之中。

你想提醒自己哪些事情在你的控制范围之内？哪些事情在你的控制范围之外？例如，如果一个叫艾米丽的人告诉你，她认为你不聪明，那是她的偏见，并不是你或你的智力让她做出了那样的评论。你可以写"艾米丽说的话"或"艾米丽的偏见"。

我无法控制的事情

我可以控制的事情

选择你自己

有些人认为把自己放在第一位是一件自私的事。人们通常认为，把别人的感受看得比自己的感受更重要是一种善意。但是时候开始以不同的方式思考了！

事实上，当你做对别人有利的事时，有时不仅对你不利，还会导致怨恨和误解。这也剥夺了对方了解真实的你的机会。让别人感到不安的想法可能会让你不知所措，以至于你最终会让自己感到不安。

假设你和朋友正在为学校做一个英语项目，你正在决定研究哪本书。你的朋友想做一个关于《了不起的盖茨比》的演讲，但你更受《弗兰肯斯坦》的启发。你可以采纳你朋友的意见，保持沉默，研究一本你不太喜欢的书。或者，你可以大声说出来，为《弗兰肯斯坦》辩护。说出自己的想法就是选择你自己。即使你最终同意研究《了不起的盖茨比》，你也向你的朋友展示了你的兴趣和想法，为自己挺身而出，并让彼此更加了解。

你和其他人一样，有权说出自己的想法。

说"不"和说"是"

　　"是"和"不"可能是最难说的两个词。对我们真正想要的东西说"是"可能会让人感到害怕，并让我们充满自我怀疑。对我们不想要的东西说"不"，会让我们担心惹恼别人。

　　想想生活中你想说"是"和"不"的事情。你有一个梦想，但一想到尝试就觉得很可怕吗？对那个梦想说"是"会是什么感觉？

我想对＿＿＿＿＿＿＿＿＿＿＿＿＿＿＿＿＿
＿＿＿＿＿＿＿＿＿＿＿＿＿＿说"是"

　　你的生活中有没有什么东西让你沮丧，让你每一秒都感到恐惧和怨恨？想象一下，对它说"不"。

我想对＿＿＿＿＿＿＿＿＿＿＿＿＿＿＿＿＿
＿＿＿＿＿＿＿＿＿＿＿＿＿＿说"不"

　　尽管有些事情我们必须要做（如学习），有些事情对你来说是不可能的（如开车或搬出父母的房子），但了解自己的真实感受，以及在理想的情况下你会对什么说"是"和"不"，是培养自我价值感和成为真正的你的重要组成部分。

说出来

可以这么说，谈论心理健康是很困难的。如果你正在为低自我价值感而挣扎，那么与另一个人谈论你的想法和感受会格外困难。当你对自己感觉不好时，你的大脑可能会欺骗你，让你认为没有人在乎你的感受，也没有人想帮助你。

不幸的是，并不是每个人都知道如何对关于情绪的对话做出良好的反应，但在你的生活中，一定有人关心并想帮助你。最好选择一个你认识并信任的善良和受人尊重的人——可能是父母、看护人、老师、朋友或亲戚。

谈论你的感受是勇敢而有力的。当我们和一个善于倾听的人谈论困扰我们的事情时，这些困难的情绪会变得更容易处理。

要是不知道该说什么，可以使用以下技巧来帮助你开始对话。

★ 你不需要对自己的感受做出完美的解释，尽你所能就好。

★ 你也不需要想出解决方案——只要分享就足够了。

★ 为了缓解紧张情绪，可以在做其他事情的时候说话——如遛狗或坐在车里时。

 做自己

★ 如果你对谈话感到尴尬或担忧，就说出来吧！

★ 如果你有一个可能对你有帮助的想法，说出来——其他人可能会帮助你。

★ 不要等待完美的时机——今天就是做出改变的好日子。

我可以和谁交谈？

写下你觉得可以与之谈论你的感受的人。是什么让他们成为合适的人选？

如果你想不出你足够信任的人来与之交谈，你可以随时向学校辅导员或医生寻求保密建议。你并不孤单，可以获得帮助。

当我们说话的时候，
我们害怕自己的话
不被听到
或不受欢迎。
但是当我们沉默时，
我们仍然很担心，
因此最好还是说出来。

奥黛丽·洛德
（Audre Lorde）

WHEN WE SPEAK
WE ARE AFRAID OUR WORDS
WILL NOT BE HEARD
NOR WELCOMED.
BUT WHEN WE ARE SILENT,
WE ARE STILL AFRAID.
SO IT IS BETTER TO SPEAK.

应对变化

　　也许你开始觉得每天做自己更容易了，也许仍然觉得很难。无论怎样，对你的自我价值感来说，最具挑战性的时刻是在变化时期。

　　当你十几岁的时候，会发生很多变化：学校、友谊、人际关系、你的思维方式、你想要从生活中得到什么……不胜枚举。变化可能会扰乱你的头脑，所以当变化发生时，无论是大的还是小的，意外的还是计划内的，你对自己的感觉都会有点动摇，这并不奇怪。

　　当变化发生时，是时候运用你所有的技能，来增强你的自我价值感，坦率地对待自己。

练习自我照顾	专注于自己可控的事情
寻找积极因素	把消极自我对话的声音调低
照顾好你的身心	对自己的感受要有同情心

 做自己

扔掉消极情绪

　　有些无益、扭曲或消极的想法和习惯是很难摆脱的。有没有你所做的事情或你认识到的一种思维方式，正在伤害你的自我价值感，但你无法摆脱它？

　　放下这些事情需要时间，所以要对自己有耐心。没有快速的解决办法，但心理学家认为，找到一种从身体上抛弃这些想法或习惯的方法，有助于将它们从你的脑海中释放出来。

　　试试下面这个把戏，把那些让你沮丧的东西扔掉。

你需要：
岩石或鹅卵石
粉笔

做什么：
在岩石或鹅卵石上，用粉笔写下你想扔掉的东西。

将自己和他人做比较

"要么全有，要么全无"思维

当我想说"不"时却说了"是"

　　现在把你的岩石或鹅卵石带到安全的地方（如湖泊、河流或海滩），并把它们扔到水中。当你扔的时候，想象一下它们从你的身体里飞了出去。

熟能生巧

　　你听说过完美主义吗？这是一种理念，即你所做的一切都应该完美无瑕，永远不犯任何错误。完美主义也是自我价值感低的一个重要标志。这是因为，完美主义就是当你犯了错误，需要帮助，甚至排在第二而不是第一时，对自己没有任何同情心，认为自己永远都不够好。

　　听起来很熟悉吗？如果这是你，别担心——你有可能摆脱完美主义。尝试和失败是做人的一部分——这是任何人都无法避免的。答案在于，作为一个初学者，要学会感觉良好，并理解生活中的一切都需要练习。走路、聊天、交朋友，甚至发短信都需要花时间来掌握，而且随着年龄的增长，也不会停止去寻找新事物来练习。

　　就像看着植物从种子开始生长一样，每次练习都会让你离目标更近一点。试着庆祝小胜利，并朝着正确的方向前进。

 做自己

过去的我和未来的我

你是谁会随着时间的推移而改变，没关系。想想你是如何改变的，以及你对未来的期望，这是很有用的。在变化中表现出善良、好奇和耐心是自我价值感高的标志，也是培养自己的一件大事。

回想这两年：你身上发生了什么变化？有什么没变的地方？你还想从未来的自己身上了解些什么呢？试着给过去的自己写一封信。

亲爱的过去的我

如果你有一台时光机，并且可以拜访两年后的自己，你想知道什么？你有什么希望和担忧？在这里写一封信。

亲爱的未来的我

 做自己

写一本感恩日记

　　寻找积极的事物是一种很好的方式，可以让你学会欣赏自己的生活，发现自己是多么幸运，多么感激做自己。写感恩日记是养成每天发现、记录和记住小事的习惯的一种简单的方法。试着把感恩日记作为你一周夜间生活的一部分，看看你过得怎么样。你可以写在这本书里，也可以把它作为日记的模板。

星期一

我很感激……

1. _____

2. _____

3. _____

星期二

我很感激……

1. _____

2. _____

3. _____

星期三

我很感激……

1. _____

2. _____

3. _____

星期四

我很感激……

1. _____

2. _____

3. _____

星期五

我很感激……

1. _____

2. _____

3. _____

 做自己

星期六

我很感激……

1. _____

2. _____

3. _____

星期日

我很感激……

1. _____

2. _____

3. _____

如果你喜欢写感恩日记，你可以一直写下去。你只需要一支钢笔或铅笔和一些可以写字的纸。如果你错过了某一天，别担心，你可以在准备好后再拿起笔。

我尝试着
在每天开始
和结束时
花一点时间
表达我的感激之情。

奥利维娅·王尔德
（Olivia Wilde）

I TRY TO START
EVERY DAY AND
END EVERY DAY
BY TAKING A MOMENT
TO BE GRATEFUL.

第五章

照顾好自己

你很重要

随着你变得越来越独立，能否照顾好自己将变得越来越取决于你自己。自我照顾不仅仅是基本的那些方面——如洗澡和健康饮食——而是你的整个自我：身体、心理和情感。

自我价值感低有时会使自我照顾变得困难。如果你更关心别人的想法，而不是自己的需求和感受，那么在需要的时候很难把自己放在第一位。你甚至可能会觉得睡眠充足、吃健康的食物和锻炼等事情没有多大意义。

健康的自我价值感意味着即使在困难的时候也要照顾好自己。你对自己表现出的关心和关注越多，就越有信心做一个完整的自己。

什么是自我照顾？

你可能听说过"自我照顾"这个说法，但它到底是什么意思？

自我照顾意味着照顾你的需求，这样你才能成为最好、最健康的自己。你的需求可以是任何东西，从多喝水到远离对你不好的朋友。自我照顾是指通过照顾自己来提升你的幸福感的任何东西。

我喜欢通过在素描本上画画来放松心情。

我在晚上睡觉前读了一本书中的一章。

无论我走到哪里，我都会带一瓶水。

当有人对我表现出攻击性或无礼时，我会走开。

我喜欢在周末睡懒觉。

正如你所看到的，自我照顾可以是各种各样的事情。你是怎么照顾自己的？

关爱你的身体

你的身体正在以不同的方式发生变化。有些你能看到，如头发长长和个子长高；有些你看不到，如激素变化和大脑发育。你十几岁的身体有着很强的适应性，但也需要大量的关心和关注来帮助你完成所有这些变化。可以遵循以下的简单提示来保持健康。

将水放在手边：
每天都喝水，以保持身体健康和大脑功能良好

让你的身体动起来：
适量的运动能保持身体的健康并调节情绪

睡个好觉：
青少年每晚需要 8~10 小时的睡眠

多吃水果、蔬菜、富含铁和蛋白质的食物：
这些都是让你的身体保持强壮、健康和活力的食物组合

注意个人卫生：
每天淋浴、刷牙和梳头，保持干净和卫生

涂防晒霜：
保护皮肤，使其免受紫外线的伤害

睡眠追踪器

一夜没睡好，你感觉怎么样？你很可能感觉很糟糕。当你睡眠不足时，你的身体就没有机会充电，第二天你会觉得自己筋疲力尽。

这也会影响你的自我价值感和自信。当你休息好的时候，你就能更好地相信自己，做出明智的选择。

有时，保证充足的睡眠可能是一个挑战。上学时间早，青春期睡眠习惯自然改变——青少年的生物钟意味着你更容易熬夜，早上很难早起——这需要平衡。试着使用一周睡眠追踪器，在追踪器上添加一个大致的时间。

目标是每晚睡 8~10 小时

防止疲劳小贴士：

★ 喝大量的水
★ 一步一个脚印，慢慢来
★ 善待自己
★ 可以的话，打个盹儿
★ 把任何可以等到明天的事情都推迟

 做自己

日期	入睡时间	醒来时间	睡眠时长（小时）
星期一			
星期二			
星期三			
星期四			
星期五			
星期六			
星期日			

有规律的睡眠习惯

养成有规律的睡眠习惯会帮助你更快、更容易地入睡。

目标：
★ 灯光要柔和
★ 不玩电子产品
★ 每晚按相同的顺序做事

正面的身体形象
不是去相信你的身体
看上去不错，
而是了解你的身体
是好的，
不管它
看起来怎么样。

林赛·凯特和莱西·凯特
（Lindsay Kite And Lexie Kite）

POSITIVE BODY IMAGE
ISN'T BELIEVING YOUR BODY
LOOKS GOOD,
IT'S KNOWING YOUR BODY
IS GOOD,
REGARDLESS OF
HOW IT LOOKS.

 做自己

出去走走

锻炼不一定是一件苦差事。如果你喜欢竞技体育，在学校喜欢运动或已经是俱乐部的一员，那就太棒了。如果你不太爱运动，学习如何通过锻炼来照顾自己的身体可能会更加困难，尤其是当你对自己的外形感到不自信的时候。

活动身体有助于保持健康，也有助于你的心理健康。这是因为运动有助于平静你的神经系统，减少压力和焦虑，提高幸福感。研究表明，像散步这样的简单运动有助于增强自尊心和提升情绪。

以下是一些有用的行走小贴士。

★ 穿舒适的鞋子

★ 带充足的水

★ 涂防晒霜

★ 与一个可以聊天的朋友一起去

★ 去你喜欢的地方

★ 听一些积极向上的音乐

★ 规划好路线

★ 注意安全，并告诉别人你要去哪里

　　画一张你的步行路线图。也许你已经有了一个最喜欢散步的地方——可以在这里画出来。如果没有，你可以利用这个空间来规划路线。

 做自己

社交媒体和你

　　研究发现，社交媒体对年轻人的心理健康有负面影响。由于对外表的关注，社交媒体会给人留下这样的印象：你是谁不如你的外表重要。即使你知道这不是真的，每天长时间看社交媒体也会使你的大脑更加重视外表和融入群体，而不是做自己。

> 　　32%的少女在使用社交媒体后对自己的身体感觉更糟

　　当然，社交媒体也可以是一个寻找志同道合的人、发现新艺术家和与朋友联系的地方，但你需要有意识地使用它，并设置你的屏幕使用时间，从而最大限度地利用它。

减少使用屏幕和社交媒体时间的技巧

慢慢来——如果你花很多时间上网，你的大脑就不能得到休息。让自己离开屏幕休息一下，并逐渐延长离开屏幕的时间。

应用程序可以帮助你——下载一个应用程序来管理你的屏幕使用时间，并在设定的时间之内将你锁定在某些应用程序和网站之外。

写下你的感受——这可能很难，所以手边得有一个日记本来记录你的情绪。

试试老式手机——这些手机只有接打电话和收发短信的功能，没有互联网或应用程序。

寻求帮助——与你的父母或看护人一起制定屏幕使用时间表。

小心处理——上网时要注意自己的情绪。如果有什么事情让你感到不安或愤怒，可以取消关注或屏蔽——你不需要在它身上花费任何精力。

要友善——要注意，你在互联网上遇到的每个人都和你一样，都是有感情和自我价值感的人。

如果你对如何使用互联网或互联网上发生的事情感到担心，可以随时与值得信赖的成年人谈谈。

 做自己

如何放松？

你会做什么来放松？

放松不需要花很多钱，只要看看窗外，涂鸦或整理房间就可以真正放松。

这是一项放松活动，可以帮助你放松身心。当你感到沮丧、焦虑或烦恼时，试试看——你只需要一支笔。不要担心线条是否完美——诀窍是放松，让你的涂鸦流畅。

用小圆圈填充此框。

用线条填充此框。

用 Z 字形填充此框。

涂鸦有助于减轻压力，提升情绪，释放创造力。

满足你的情感需求

情感需求是你需要的东西，它能让你感到安全、被爱和一切安好。很多时候，你可以自己照顾自己的情绪，但有时也需要与他人建立联系。

所有人都需要感受：

- ★ **安全**
- ★ **被爱**
- ★ **被理解**
- ★ **被认可**

如果我们没有这些感受，那么做自己就是一件非常具有挑战性的事。就像我们都需要食物、水和睡眠一样，我们也需要在与我们共度大部分时间的人身边感到平静和安全。这些人对我们的情绪有很大的影响，而我们对自己的感觉又在很大程度上决定了我们是谁。

有很多方式可以帮助我们来满足情感需求——请求拥抱或聊天，使用社交媒体，寻求安慰或建议，与他人一起开展活动。向周围的人寻求关注、爱和安慰总是可以的。

 做自己

　　让人感到安全、被爱、被理解和被认可的东西对每个人来说都是不同的。别人向你表示关心的最好方式是什么？画出你最喜欢的 5 个，也可以加上你自己的答案。

赞美　　　　　　　　　　　　送一份小礼物
　　　　　　送一份贴心的礼物
共度时光　　　　　　　　　辅导家庭作业
　　　　　　　　击掌庆祝
一起去旅行
　　　　　　　一起聊天
　　　　　　　　　　　　　　倾听
说"我爱你"
　　　　　　　　　　说"我为你感到骄傲"
做你最喜欢的食物
　　　　　　　　　　　　开车送你去需要的地方
　　　　　帮助你解决问题
知道什么对你重要　　　　　　　关注你
　　　问你一天过得如何　　　拥抱你
　　　　　　　　　　　　　　　　支持你
　　　　　　　一起吃饭
当你需要时，给你空间
　　　　　　　　　　　　尊重你的隐私
一起出去玩

如果你拔掉"插头"
暂停几分钟，
几乎所有的事情
都会恢复正常，
包括你。

安妮·拉莫特
（Anne Lamott）

ALMOST EVERYTHING
WILL WORK AGAIN
IF YOU UNPLUG IT
FOR A FEW MINUTES,
INCLUDING YOU.

第六章

我就是我，
你就是你

 做自己

尊重他人，尊重自己

当只有你自己的时候，做自己很简单。但是，当你把其他人加入其中时，事情会变得更加复杂和具有挑战性。学习如何做自己，在任何情况下都能保持自我价值感，这是一项为你的生活奠定基础的技能。本章将探讨做自己的所有不同方式，以及如何保持你的自我价值感，无论你和谁在一起。

每个人的空间

做自己的方式有 70 多亿种——和地球上的人一样多。这是陈词滥调，但这是真的：我们都有一个共同点，那就是我们都是独一无二的。

当你的自我价值感很低时，你会觉得没有空间来做自己，因为这可能会让其他试图做自己的人感到不安或不便。事实是，有足够的空间让你做自己，也让其他人做自己。有时我们会在情感上影响对方，但关键是要记住，别人的外表、选择和行为都超出了你的控制范围，与你无关。

例如，当你的朋友买了一双新运动鞋，想向你炫耀时，他可能并不是想把他的运动鞋和你的进行比较，来让你感觉不好，而只是想让你看看他很喜欢的运动鞋。别人的行为告诉了你关于他们的一切，而不是关于你的（是你自己的行为和反应告诉了你关于自己的一切）。

即使有人批评你，那仍然是他们的问题。也许有人对你的体形说了一些不友好的话：这只是告诉你他们看重什么，他们对你有多尊重，最重要的是，他们对自己身体的感受。

 做自己

我们都有自己的不安全感——我们发现自己很难去爱和接受自己的一些东西。这些占据了很大的空间，我们通常非常重视它们，对它们的思考比我们满意的事情要多得多。

这影响了我们看待世界的方式。例如，如果你发现很难接受自己的身体看起来怎么样，你会更容易注意到别人的身体，并像评判自己的身体一样评判他们。

简而言之，我们以看待自己的方式来看待世界。我们对自己的了解越多，就越容易做自己，也越能接受别人做自己。

什么是韧性？

韧性是指当困难的事情发生时，能够重新振作起来并感觉良好的能力。韧性并不意味着忽视自己的感受，在你需要休息的时候也强撑着，或者在你挣扎的时候假装自己很好。

假设你在学校的一次重要考试中成绩不及格，那肯定会很痛苦。事实上，你可能不得不重考，也会有因失败而产生的所有情绪。也许在那种情况下，你会强撑着，表现得好像你不在乎一样；或者你会觉得很尴尬，尽量避开这个话题。对此，一个有韧性的回应应该是某种中间状态：花点时间体会一下自己的感受，然后当你准备好了时，就可以制订一个新的计划。

韧性的关键在于灵活性。当事情不如你所愿时，韧性意味着你可以通过修改你的期望和计划来轻松应对变化，同时对你的情绪温柔相待。

这个随机涂鸦游戏就是要看到这种潜力，找到一条有创意的前进之路。你只需要一支钢笔或铅笔。

看看每一个随机的形状——你能把它们画出来吗？你可以把它们变成动物、物体、面孔、风景……看看你的想象力会把你带到哪里！

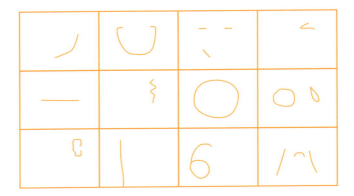

你可以和朋友一起玩随机涂鸦游戏——每个人画一个形状，然后交换，把对方的形状做成一幅画。看看你们每个人都想出了什么，那会很酷，一起发挥创造力是建立牢固友谊的好方法。

关于责任的说明

韧性的另一个重要部分，是能够为自己的行为和生活中所扮演的角色承担责任；而不会因为无法控制的事情而责怪自己，也不会被羞耻感淹没。有时，你会做一些令自己后悔的事情——应对这些的韧性方法是让自己感受到自己的情绪，然后花一些时间来修复。修复可能意味着道歉，或者重新思考你处理特定任务的方法。每个人有时都会搞砸——一个有韧性、有高度自我价值感的人的标志是他们愿意花时间来纠正错误。

保持意识在线

　　有意识意味着保持对自己情绪的意识。当你在社交媒体上时，这会格外困难，因为有太多其他事情会分散你对自己感受的注意力。正因为如此，当社交媒体对你的情绪和自我价值感产生负面影响时，你很难注意到。

　　下次你使用社交媒体或与他人在线互动时，花点时间用这些问题来了解一下自己的情绪。

我的情绪如何？

我的肩膀和下颚是紧张的还是放松的？

我的呼吸怎么样？

我的自我价值感如何?

1 2 3 4 5 6 7 8 9 10

我如何从这个网站或应用程序中获益?

如果你发现自己感觉很平静,感觉很好,那就太好了。如果你意识到自己感到紧张和不自在,那就休息一下。以有利于自己的方式使用互联网是可以的,但要忽略消耗你的能量和自我价值感的东西。

友谊和自我价值感

与你共度时光的人对你的自我价值感有很大影响。当你和朋友在一起时，你对自己的感觉，你是否能做自己，以及你如何对待彼此，都会影响你对自己的感觉，这会波及你生活的其他方面。

下面这些问题将帮助你反思自己的友谊。

你的朋友圈里有谁？

你能分别用一个词来描述每个朋友吗？

如果你有一个羞于谈论的问题，你能求助于你的朋友吗？

 做自己

你和你的朋友在哪些方面相似？

你在哪些方面是不同的？

如果你与朋友在某件事情上的意见不同，你会告诉他们吗？

　　好的友谊有助于建立你的自我价值感。当你意识到别人给你的感觉时，你可以做出明智的选择，决定你想与他们保持多亲密的友谊。

是什么造就了一段好的关系和一段不好的关系？

如果你在与低自我价值感作斗争，你会发现自己与那些让你觉得在他们身边无法做自己的人建立了友谊或关系，这是很常见的。这不是你的错。自我价值感低的人往往倾向于为任何问题或冲突而责怪自己，这样就很难发现不适合自己的人。

用知识武装自己，分辨好的与不好的友谊或关系的迹象，这样你就可以自信地站起来反对恶劣的对待。

积极信号	消极信号
喜欢你做自己的样子	打击你，并想让你改变
你有其他朋友也可以	试图控制你见到的人
回复你的邮件	忽视你或使你魂不守舍
考虑你的感受	表现得好像你的感受无关紧要
对你的意见感兴趣	希望你事事都同意他们的意见
你在他们身边感到安全	在他们身边你会感到焦虑或不安
尊重你，即使他们很生气	当他们生气时，就像变了一个人
如果他们让你不高兴，你可以告诉他们	不会为他们的行为承担责任

做自己

当你开始为自己辩护，你可能会发现消极的友谊会自然改变，变得不那么亲密，甚至结束。这可能很痛苦，但与其和对你不好的人在一起，不如和自己或一小群朋友在一起。

如果你有不良的友谊或人际关系，该怎么办？

如果你和另一个人的友谊或任何关系都让你感到不安全或无法离开，这不是你的错。这种情况可能发生在任何人身上，责任在于以控制或不尊重的方式对待你的人。

他们可能会试图让你感到内疚或害怕，阻止你离开，所以请记住：你可以选择接受哪些友谊和关系。

如果你处于这种情况，或者对生活中的某个人没把握，你可以和很多人谈谈。你认识并信任的朋友或成年人会愿意倾听并帮助你。你并不孤单，你应该拥有良好、健康的友谊和人际关系。

生命太短暂，
不能把你的时间
浪费在那些
不尊重、不欣赏、
不珍惜你
的人身上。

罗伊·贝内特
（Roy Bennett）

LIFE IS TOO SHORT
TO WASTE YOUR TIME
ON PEOPLE WHO
DON'T RESPECT,
APPRECIATE
AND VALUE YOU.

 做自己

在一个不完美的世界里做自己

在情感上，当我们觉得自己能融入周围的人时，我们通常会感到安全、舒服。这就是人类大脑和神经系统的进化过程：去了解在某种程度上与我们不同的人，对我们具有安全意识的大脑来说是一种风险。

我们对自己的自我感觉越有安全感，就越能适应任何类型的差异。对差异感到焦虑或威胁通常是自我价值感低的表现，如果你有时有这种感觉，没关系。当它表现为对自己或他人的不尊重时，那就不好了。

由于很多原因，许多人对人与人之间的差异感到焦虑，而这些焦虑往往表现为某种形式的不尊重，这引发了很多情绪。

尊重自己和彼此，意识到自己的情绪，是我们变得更加善解人意、更加关注自我、对周围的世界更加温柔的方式。仅靠你一人无法解决世界的问题，但你可以做出积极的改变。尽你最大的努力做自己，你将为使世界成为一个让越来越多的人能够充分、安全地做自己的地方而做出贡献。

一起合作，有所作为

与朋友联系是建立信心和让别人听到你的声音的好方法。你们不必在所有事情上都达成一致——事实上，为了尊重他人，拥有一个自由、开放和批判性的头脑真的很重要——但当你们在对你来说重要的事情上团结一致时，这就是一件了不起的事情。

合作的方式包括：

发起请愿

组织课外俱乐部

和你的老师开个会

集体创作有意义的艺术作品

为慈善机构筹款

 做自己

你对某个话题有强烈的感受吗？在这里为海报绘制草图，以传播你的信息。

确保它具有：

★ 引人注目的形象
★ 令人难忘的口号
★ 一个积极和充满敬意的信息
★ 行动呼吁（如要访问的网站或要参加的会议——这些都不必是真实的，只要发挥创意就可以了）

不要把所有的时间
都花在
试图成为别人身上，
因为你永远
不可能成为别人，
他们也永远
不可能成为你。

瑞文－西蒙
（Raven－Symoné）

DON'T SPEND
ALL OF YOUR TIME
TRYING TO BE
LIKE SOMEONE ELSE
BECAUSE YOU CAN
NEVER BE THEM
AND THEY CAN NEVER
BE YOU.

第七章

自我接纳

接纳自己

在本书中，有很多内容都是关于坚持做自己的，确切地知道自己是谁，想要什么。这很重要，但同样重要的是要明白，你不会总是对这些感到完全确定——这也没关系。真正的自我价值感意味着知道你现在是，而且将永远是一个不断进步的人，接受每个阶段的自己，并学会享受变得越来越自信的过程。

什么是接纳？

接纳就是活在当下。这是关于看到现实，而不是完美或灾难性的现实——看到事物的本来面目，而不是你希望看到的样子。接纳现实并不意味着你可以接受它或认为它是公平的，也不意味着你要寻求帮助来改变你认为需要改变的事情。这仅仅意味着你承认你就在那里。

接纳听起来就像这样：

我家今年不去国外度假了。

我因迟交作业被老师留下了。

我最好的朋友不和我说话了。

 做自己

自我接纳意味着拥抱自己的全部，即使是那些让你感到尴尬、焦虑或觉得不属于自己的部分。当你练习自我接纳时，你会成为自己最好的盟友，能够在需要的时候寻求支持，并不会给自己施加压力。

自我接纳听起来就像这样：

我现在很难入睡，因为我备感焦虑。

我对考试中得到的分数感到满意。

我和同龄的男孩／女孩在一起时很紧张。

我接纳自己

现在轮到你练习接纳了。想想你现在的处境，写下三件你能接纳的事情。请记住——接纳并不意味着你支持这些事情。它们可以是生活中积极的部分（如令你兴奋的旅行），也可以是消极的部分（如和你讨厌的兄弟姐妹同住一个房间）。

我接纳……

善待自己的每一部分

我们都有自己想要改变的东西。也许你迫不及待地想长高，或者你希望自己更自信，或者你想要你的直发是卷曲的（或你的卷发是直的）——想要改变自己是人类的天性。

强烈的自我价值感包括接受这些关于自己的东西，即使我们希望它们不同。

以下是一种对你想改变的事情表达善意的方式。

> 闭上眼睛，想象自己像一只可爱的小动物，把它轻轻地握在手中。轻声对它说话（大声说出来或在脑子里想）——你可以说"我抓住你了"或"你在这里很安全"，甚至"我爱你"。当你准备好了，想象一下把它放在温暖舒适的地方睡觉。

以这种方式想象自己的特点，有助于你对自己表现出同情心；而专注于你觉得最难接受的部分，是实现自我接纳的有效方法。

检查自己

在回应之前，花点时间检查一下自己——无论是社交媒体上的帖子、朋友发的短信还是重大决定——都会帮助你更好地了解自己，做出你真正相信的选择。

即使你有 99% 的把握做正确的事情，也值得停下来检查这 1%，确定你的真实感受，并考虑可能会影响你判断的因素。

如果你在自我价值感方面有问题，这可能会是一个挑战。得花点时间回复短信或其他信息——你不需要向任何人立即回复（除非是紧急情况）。练习以下内容，让自己有时间了解自己。

> 我需要一点时间来思考

> 我再打电话给你

> 我不是不理你，我只是在考虑怎样回答

> 我很困惑——我能问几个问题吗

在许多情况下，你也可以不予回应。如果你在互联网上看到一些东西，你总是可以自由地滑过去，而不去做出回应；如果有人对你说话或以发短信的方式让你感到害怕或被侮辱，你可以忽视他们或走开。

 做自己

　　身体扫描是检查自己的好方法，你会注意到情绪和紧张，否则这些东西可能不会被发现，而且这真的很放松。

　　以下是操作方法。

　　★ **舒服地坐着或躺着；找一个你不会被打扰的安静的地方。**

　　★ **想想你的头顶，然后让你的意识沿着你的身体缓慢地传播。**

　　★ **注意你身体中的任何感觉、感受或不适。**

　　★ **注意任何你感到紧张或沉重的地方。**

　　★ **注意任何浮现的想法，让它们轻轻地飘走。**

　　★ **继续向下移动身体，直到到达脚趾尖。**

　　只要你想弄清楚自己的感受，就可以随时进行身体扫描。

允许改变

你本来就是伟大的，因为你在改变和成长。这听起来可能有点矛盾，但这两件事都可能是真的。

所有的人都会改变——变老、有新的经历和产生新的想法会多多少少地改变你的思维、感受和行为方式。你不必为了任何人而保持不变。你总是在成长为一个新的自己，你有能力在成长的每个阶段接纳自己。

你能感觉到自己此刻在改变吗？也许你觉得你的自我价值感在增强，或者你正在发展一项新技能。

制作一张
自我接纳海报

　　在海报中心添加你最喜欢的肯定句，要使用酷炫的字体和颜色，让它真正脱颖而出。完成后，把它剪下来，粘贴在你每天都能看到的地方。

我喜欢我所做的，
我喜欢我的做法。
我喜欢我的错误，
我喜欢我从错误中
学习的速度。
我不想成为
除我之外的任何人。

佐伊·萨尔达娜
（Zoe Saldana）

I LIKE WHAT I DO,
AND I LIKE HOW I DO IT.
I LIKE MY MISTAKES
AND I LIKE THE PACE AT WHICH
I LEARN FROM MY MISTAKES.
I DON'T WANT TO BE
ANYBODY ELSE BUT ME.

改变你的措辞

低自我价值感会欺骗你，让你觉得自己要么做得太多，要么做得不够。有时，你可能会做得不够好或付出太多——如你考试没通过或把很多经历投入一段没有结果的友谊中——但当这些事情发生时，并不意味着你做得不够或太多。

有时很难将内在的你与你所做的事和所发生的事区分开来。调整你谈论自己的方式会有所帮助——试试这些简单的转换。

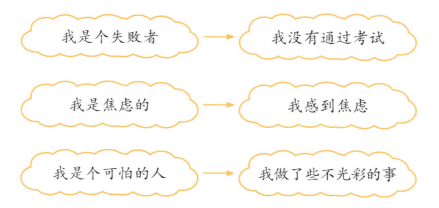

你能看到语言的一个微小变化是如何将句子从关于你作为一个人的样子转变为关于一个特定的、暂时的情况的吗？研究表明，以这种方式使用语言有助于你更快地接纳自己，并在情感上更好地处理困难的经历。

第八章

展望未来

做自己

　　无论简单还是复杂，做自己是你每天都可以努力的事情。从最小的决定（如你要吃哪种口味的甜甜圈）到重大的人生选择（如学习哪些科目），只要遵循自己的内心准则，你就会越来越是你自己。

　　有些日子，做自己会觉得很容易——好好享受这些日子吧，你值得拥有。其他日子就不会这么容易了。你会做出选择，选择做自己意味着你会惹恼别人或错过机会，或者你会犯错，别人会试图把你打倒。只要你活着，这些艰难的日子就会存在，这并不意味着你做错了什么。

　　做自己是一项终身工程，现在是开始的大好时机。

生活准则

⭐ 说清楚你的意思

⭐ 为自己和他人挺身而出

⭐ 发出你的声音

⭐ 远离不尊重

⭐ 友善地对待自己、谈论自己

⭐ 选择你自己

⭐ 你很好，就像你现在这样

 做自己

行动计划

你将如何把你在本书中学到的东西运用到生活中？在此处做笔记或制订计划。

在本书的开头，你已经对自己的自我价值感进行了评价。那么，你现在的自我价值感如何？

1　2　3　4　5　6　7　8　9　10

自我价值感
很低

自我价值感
很高

也许是因书中所学，你的自我价值感提升了，或者可能更低，或者没有变化。很多事情都会影响自我价值感，而自我价值感的提升是一个过程，所以做自己就好了。你做得很好。

你并不孤单

我曾经和一群穿着一模一样的女孩是朋友。我穿这些衣服感觉不太好，但我担心如果我按照自己的意愿穿衣服，她们就不会和我做朋友了。最终，我厌倦了，开始穿我觉得舒服的衣服。令人惊讶的是，我的朋友们称赞了我，慢慢地——没有人真说些什么——她们也开始穿得更有个性了。我想她们是受到了我的启发。

娜迪亚，14 岁

我每天晚上都熬夜玩手机，这让我白天很累，而且我使用的应用程序影响了我对自己身体的感觉。直到我的手机屏幕被打碎，我有好几天都没有手机，这时我才意识到我是多么沉迷于手机，是它让我觉得自己一无是处。我没有买另一部智能手机，而是买了一部只能发短信和打电话的廉价手机。我的朋友有时会取笑我，但实际上我感觉好多了。

库珀，16 岁

我收到一个朋友发来的信息，说我们班的一个女孩对他不尊重，让我们在手机上屏蔽她，在学校不和她说话。我总感觉哪里不对劲，所以我忽略了这条信息，在学校里一切照常。我最终还是支持了那个女孩，别人对她真的很不好。事实证明是那个男孩错了——我和他不再是真正的朋友了。

埃琳娜，11 岁

结　语

　　你是一个很好的、很可爱的人，即使当你并不这么认为时。做自己比看起来更难，有时我们会忽略它的真正含义。你的存在是为了自己，而不是为了别人，你不需要按照别人的期望生活。

　　你不需要解释或给自己贴标签，你不需要融入群体，你只需要让自己有意义。在这个世界上走自己的路需要很大的勇气。你是一个完整而复杂的人，成为你的朋友对任何人来说都是荣幸。做自己吧！

你在你的生活中
扮演着完美的角色。
除了你，我想不出
还有谁能演这个角色。
好好演。

林-曼纽尔·米兰达
（Lin-Manuel Miranda）

YOU ARE PERFECTLY
CAST IN YOUR LIFE.
I CAN'T IMAGINE ANYONE
BUT YOU IN THE ROLE.
GO PLAY.

推荐阅读书目

Be True to Yourself
Amanda Ford

The Girl Guide: 50 Ways to Learn to Love Your Changing Body
Marawa Ibrahim

Taking Up Space: The Black Girl's Manifesto for Change
Chelsea Kwakye and Ore Ogunbiyi

Positively Teenage
Nicola Morgan

You are a Champion: How to Be the Best You Can Be
Marcus Rashford and Carl Anka

Just as You Are
Michelle and Kelly Skeen

You are Awesome
Matthew Syed

A Girl's Guide to Being Awesome
Suzanne Virdee

Wolfpack (Young Reader's Edition)
Abby Wambach

The Self-Care Kit for Stressed-Out Teens
Frankie Young